上海动物园

随身携带的动物园

裴恩乐 郑建清 王爱善 —— 主编

张立洋 —— 绘

中信出版集团 | 北京

图书在版编目（CIP）数据

随身携带的动物园. 上海动物园 / 裴恩乐, 郑建清,
王爱善主编; 张立洋绘. -- 北京 : 中信出版社,
2024.8
　　ISBN 978-7-5217-6270-9

　　Ⅰ. ①随… Ⅱ. ①裴… ②郑… ③王… ④张… Ⅲ.
①动物园−上海−少儿读物 Ⅳ. ①Q95-339

中国国家版本馆CIP数据核字（2024）第006537号

编委会

主　　编：裴恩乐　郑建清　王爱善
副 主 编：夏欣　吴桐
编　　委（按姓氏拼音排序）：
　　　　　陈军　耿广耀　林俊　刘昌　刘海斌　马珺　倪俊　孙文婷　王颖　肖迪　张姝　张志浩
　　　　　郑越　钟妙　朱建青　朱迎娣

随身携带的动物园：上海动物园

主　　编：裴恩乐　郑建清　王爱善
绘　　者：张立洋
出版发行：中信出版集团股份有限公司
　　　　　（北京市朝阳区东三环北路27号 嘉铭中心　邮编　100020）
承 印 者：北京尚唐印刷包装有限公司

开　　本：889mm×1194mm　1/20　　　印　张：2　　字　数：80千字
版　　次：2024年8月第1版　　　　　　印　次：2024年8月第1次印刷
书　　号：ISBN 978-7-5217-6270-9
定　　价：20.00元

出　　品：中信儿童书店
图书策划：好奇岛
策划编辑：潘婧　朱启铭　史曼菲　　　特约编辑：孙萌　　　　责任编辑：程凤
营　　销：中信童书营销中心　　　　　封面设计：李然　　　　内文排版：王莹

关注身边的美好

小时候，我们总是很期待春游、秋游能去上海动物园，那是属于上海小囡的集体回忆。1954年开园的上海动物园，到2024年就70岁了，园内饲养、展出各类珍稀野生动物近470种5000多只。其中有大熊猫、华南虎、川金丝猴等我国特有的珍稀野生动物；有中国大陆最大的西部低地大猩猩种群；有国内最早人工繁育成功的扬子鳄；有较大的豚鹿种群；还有世界各地的代表性动物，如亚洲的科莫多巨蜥，美洲的大食蚁兽、美洲狮，非洲的黑猩猩等。乡土动物区和灵长类动物区是特色展区。

上海动物园是一个朝气蓬勃、不断进步的动物园。经过几十年的努力，上海动物园在各方面都发生了翻天覆地的变化，除了更加丰富的物种、越来越生态化的展区，在野生动物保护和保护教育方面所做的努力也逐渐被大众了解和关注。现在人们来到动物园，也不再单单是"瞎白相""看个好玩儿"，而是有了更高的期待。现在我来告诉你，一趟动物园之旅，可以为你带来哪些收获。

那些书本和电视上的动物，会生动地在你面前或奔跑或玩耍或觅食或歇息，生命的灵动就展现在你眼前。

你会感叹野生动物的奇妙，在地球的各个角落，在千差万别的生境中，开出一朵朵迥异而灿烂的花。

你会发现，原来在我们的身边，即使是在城市中，也有那么多可爱的精灵，只是未曾留意。

你会更加热爱生活，知道除了身边的一亩三分地，这世界还有太多值得我们付出努力的事物。

除了精彩的动物展示，这些年我们还为小朋友们设计了种类繁多、主题多样的有趣的科普活动：为动物们装修家园；当一日小兽医；给陆龟们洗个澡；参观幕后的动物食堂；一起观鸟，比拼生物限时寻；参加夏日限定夜游，感受动物奇妙夜……活动丰富精彩，欢迎来园体验！

除了去动物园，走到户外，参加一些自然实践活动也是不错的；或者留意一下身边的自然野趣，看看花花草草、小鸟昆虫。

你是不是跃跃欲试，想赶快出门看看外面的世界了？别急，我们可以先读读这本书，做做攻略会更有的放矢，当然你也可以带上它去游园。本书介绍了园内各大展区的精彩看点，有你可能不知道的动物知识，有你关心的有趣的幕后故事，还附上了提醒你在观察动物时可以重点关注的细节。当然，动物园里可深挖的宝藏远不止这些，如果可以将实地游览和书本阅读结合起来，一定会有更深刻的认识和感受，就交由你去探究啦。迈开你的脚步，尽情享受奇妙的动物世界吧！

对了，在此还要提醒你，不要把包裹着食物的塑料袋、饮料瓶扔给动物，它们不注意吃下去会肚子痛、无法进食，还得动手术，甚至会死亡，那可真是太糟糕了！也不要把你喜欢的食物留给动物吃。保育员们每天会给动物提供定量的营养搭配均衡的食物，如果它们吃了太多的东西会消化不良，而且人类的食物也不适合它们。还要注意，参观游玩时，不要拍打玻璃，不用树枝等逗弄动物。安静地观看，把动物有意思的形象和行为用相机、纸、笔记录下来，向更多的人宣传保护动物的理念，才是真正爱动物的表现哟！

上海动物园园长

游览地图

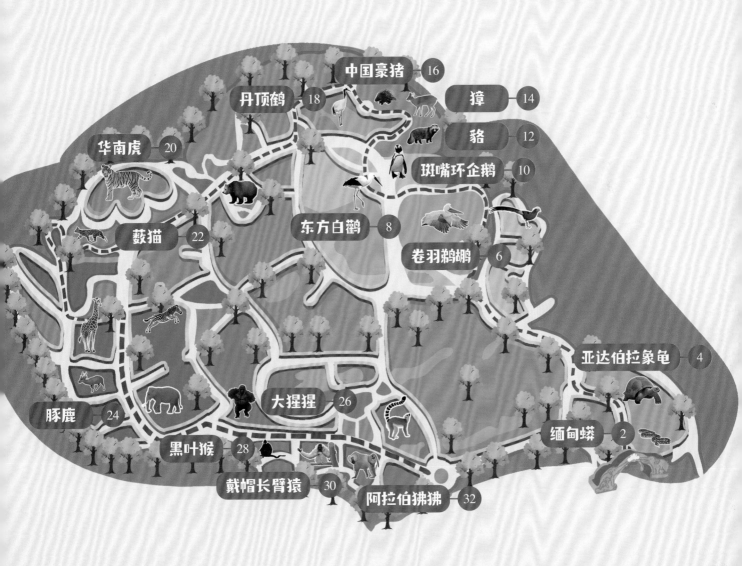

中国豪猪 16
丹顶鹤 18
獐 14
貊 12
华南虎 20
斑嘴环企鹅 10
薮猫 22
东方白鹳 8
卷羽鹈鹕 6
亚达伯拉象龟 4
豚鹿 24
大猩猩 26
缅甸蟒 2
黑叶猴 28
戴帽长臂猿 30
阿拉伯狒狒 32

注: 此为截至 2023 年 12 月的动物场馆位置及动物状况。
此页出现的数字对应书中动物的页码。

中国最长最大的蛇
缅甸蟒

两栖爬行动物馆

你好，我是缅甸蟒。不要被名字里的"缅甸"二字迷惑了，我们在中国南方的几个省也有分布。我们是中国体形最大的蛇，也是中国唯一的野生蟒，是国家二级保护动物。我们家族在上海动物园生活 30 多年了，如今我们的家是2020 年新装修好的生态化展区，是以我们的老家为模板进行改造的：有山有水有植物，有鱼有虾有小螺，四季温暖湿润。我们在这里生活得可滋润了呢！

嘴边的 3 对唇窝是热测位器官，功能是搜寻、定位、捕捉猎物。

每 3~6 周就会蜕一次皮。在蜕皮期间，双眼会呈雾状。

头顶有箭头状的斑纹。

身上布满不规则的棕色云状斑纹。

泄殖腔两侧有一对退化的爪状残肢。

缅甸蟒是夜行性蛇类，也是游泳高手。

2

无毒的大块头

我们个头大，看起来挺可怕的，但我们一没毒，二很少会主动攻击人类，所以不用害怕。如果在野外遇到我们，不要盲目靠近，更不要挑衅，因为我们觉得自身安全受到威胁时，还是会反击的。我们的牙有几厘米长，咬人是很疼的，而且我们的绞杀能力也很强。再提醒一点，未经审批，是不能饲养野生动物的，不要想着把我们带回家养着哟，那可是违法的。

黄金蟒

黄金蟒全身呈金黄色，非常漂亮。但实际上，它们是我们缅甸蟒基因突变的白化个体。动物园里的黄金蟒几乎都是人工繁殖的，野外很少有黄金蟒，即使有，也容易被捕食者发现，其幼年时，还可能因吸收过多紫外线而夭折。另外，网纹蟒、红尾蚺等蛇类也会有金黄色的白化个体。

绞杀大法

我们以鸟类、爬行动物和哺乳动物为食，根据各自的体形而捕食大小不一的猎物。我们会突然袭击，先用长长的身体将猎物捆住，再靠肌肉的收缩慢慢使其窒息，最后一点一点吞下。

来自非洲的友谊使者
亚达伯拉象龟

你好，我叫大个子，来自遥远的非洲岛国塞舌尔，出生于 2006 年，展区里块头最大的就是我。现在我和十几个其他种类的陆龟兄弟姐妹一起，住在上海动物园的一座豪华花园里，这里绿草葱翠，树木林立，还有椭圆形水池，气候湿润，比我们的家乡还舒服。

正常的粪便中包含很多未消化的粗纤维，一块粪便就有 1 斤重。

脖子长，方便取食。

突出的鼻吻端有两个呈八字形的鼻孔。这两个鼻孔不只用于呼吸，还进化出了喝水的特殊功能。

呼吸的时候喉咙一鼓一鼓的。

没有牙齿，但上下颚的边缘有双排锯齿，可以切碎植物的茎叶。

休息时，四肢向两侧摊开，腹甲着地，有时也将头颈部伸直平贴在地面上。

腿上覆盖着骨鳞片，可以防止体内水分散发。

名字的由来

我们的体重能达到一二百千克，背甲长且厚重，所以行动极其缓慢。我们要先用四条腿慢慢把庞大的身躯支撑起来，再缓缓行动。我们的腿又粗又壮，特别是两条圆柱形的后腿如象腿般强健有力，因此得名象龟。象龟的拉丁名的意思就是"蹲着的大象"。另外，我们的脚几乎是扁平的，有助于在沙地上行走。

长命百岁

我们生长发育十分缓慢，从刚出壳只有几厘米大的宝宝长到约 1 米的成熟个体通常需要 25 年的时间。我们寿命很长，虽然不像你们人类说的那样能活千年万年，但是活过百岁还是很轻松的，平均寿命在 200 岁左右，目前人工饲养条件下最长寿的纪录为 255 岁。

龟速前进

背着厚重的外壳、宛如重型坦克的我们只有用四条腿在地面上行走这一种行动方式，且不善于长距离爬行，也不能倒着走，更不可能奔跑和跳跃。保育员曾做过一系列小测验：在食物的引诱下，8 米的直线距离，我们最快也要 11 分钟才能走完。一般情况下，我们每次主动行走的距离很少超过 1.5 米，常处于走走停停的状态。难怪在我们的家乡有一种"象龟比赛"，凡是能驾驭象龟在半小时内向前爬行 10 米者，就算获胜。

体形最大的游禽

卷羽鹈鹕

你好，我是卷羽鹈鹕，和一群雁、鸭、天鹅一起生活在上海动物园最大的展区——天鹅湖中。我们卷羽鹈鹕因头上的冠羽呈卷曲状而得名，是体形最大的游禽，翼展可达三米。起飞时，我们会快速扇动翅膀，同时两只脚急速拍打水面助跑，起飞后利用上升的热气流以盘旋方式提升高度。我们是国家一级保护动物。

头上的冠羽呈卷曲状。

卷羽鹈鹕的宝宝是灰黑色的。

卷羽鹈鹕在休息时会把长长的嘴巴伸到翅膀下面。

颈部常弯曲成S形，缩在肩部。

上喙末端有弯钩，可以帮助它们梳理羽毛。

卷羽鹈鹕灰白色羽毛下面是黑色的皮肤。

卷羽鹈鹕的脚是蓝灰色的，而白鹈鹕的脚是肉粉色的。鹈鹕都有4个脚趾，脚趾与脚趾之间有全蹼相连，可以帮助它们更好地游泳。

喉囊是橘黄色的。在繁殖期，雄性卷羽鹈鹕的喉囊会变成橙红色的。

6

清理喉囊，大口呼吸

在进化过程中，我们鹈鹕的鼻孔已经被用来排除盐分的腺体完全堵塞，嘴巴是呼吸的唯一通道，所以一定要保持这个唯一通道的畅通。我们捕食的区域通常水体混浊，有时还有泥沙，在兜鱼的过程中，难免会将泥沙兜入喉囊；此外，小鱼在我们的喉囊中挣扎也会遗落下一些鳞片。所以喉囊里经常有许多杂物，于是我们就用颈椎把喉囊顶得外翻，以便清除里面的杂物。

捕鱼利器

我们的喙长且直，可达 40 多厘米，下颌底部还有个可以自由伸缩的喉囊。但是，我们的喉囊并不是用来储存食物的，它更像是渔网。我们可以用巨大的喉囊兜住更多的鱼，提高捕食效率。

离家出走

我们家族中的大部分个体都是在上海动物园出生的，已经是"土著"二代啦，我们很爱这个家，很少会"离家出走"，不过飞得高了难免会不小心飞出动物园。离开家的同伴，绝大部分都会自行飞回来，那些在外面流连忘返的也会被周边的居民们发现，最终被林业部门"遣送"回动物园。大家如果在城市中发现野生动物，要拨打林业部门电话或者直接拨打 110，寻求专业人士的帮助，切勿自己行动，以免受伤。

鸟中君子
东方白鹳

你好，我是东方白鹳。我和十几个兄弟姐妹住在上海动物园里，你在鹤轩和乡土动物区都能见到我们的身影。乡土动物区接近野外的湿地环境，水体的水面高度富于变化，其中有 3 个独立的小岛，种植着芦苇、再力花、菖蒲等典型的湿地植物，都是我们非常喜欢的。我们是国家一级保护动物。

眼周、喉部和眼睛到嘴之间的皮肤是红色的。

喙是黑色的，尖端颜色稍淡。

腿和脚是红色的，趾间有蹼。

不会叫的鸟

我们东方白鹳没有鸣管，因此没有办法像鹤类一样引吭高歌。当然我们也有自己的发声方法，那就是通过上下喙的急速叩击，发出嗒嗒嗒嗒的声音。在遇到危险或者需要警戒时，我们就会这样发声，同时头向后仰，再向下伸，左右轻微摆动，双翅半张，尾羽竖起，不停地走动，以此来警告入侵者。

我们不只吃鱼

我们主要以鱼类为食。在野外，夏天，鱼类占 80%~90%；冬春季节，鱼类较少，我们也会采食植物种子、叶，以及草根等；秋季会捕食大量的蝗虫。此外，我们也会吃"零食"，例如蛙类、鼠类、蛇类、贝类、虾蟹、昆虫以及其他鸟类的雏鸟等。平时也会吃一些沙砾，来帮助消化食物。

人工育幼

上海动物园东方白鹳的两个展区都是半开放性的，并且我们和一些鹤生活在一起，如果由亲鸟自然孵化，幼鸟发育过程中会面临很多的风险。因此，在上海动物园，我们的宝宝都是由人工孵化的，这样有利于种群的扩大。为了使亲鸟保留自然习性，有时也会选择让亲鸟将雏鸟孵出，再取走雏鸟进行人工育幼。我就是破壳之后被转移到孵化室，由人工喂养大再过来和爸爸妈妈团聚的。

生活在非洲的企鹅
斑嘴环企鹅

你好，我叫萌萌。在上海动物园里，我们这个斑嘴环企鹅大家庭有 40 多个成员，是中国城市动物园中最大的种群。我们白天在室外活动，活动场里不仅有水池、假山、大大小小的石头，还有各种植物。我们可以自由地游泳、玩耍，玩累了就在山洞里休息。晚上，我们会回到室内舒舒服服地睡觉。

天气炎热的时候，眼睛上方的皮肤会变粉红色。

喉上有一块白斑，肚子上有一个马蹄形的黑色环，所以得名。

斑嘴环企鹅宝宝是灰蓝色的。

斑嘴环企鹅爱游泳，没有牙齿，叫声很像驴叫。

斑嘴环企鹅是一夫一妻制的，企鹅夫妇会一起游泳、散步、乘凉、保护领地、哺育后代等。

白色肚皮上的斑点就像人类的指纹，是独一无二的。

非洲也有企鹅

企鹅都生活在南极吗？不不不，我们斑嘴环企鹅主要生活在非洲南部哟，所以也被称为南非企鹅。和南极的帝企鹅比起来，我们的体形要小得多，成年后身高约为 65 厘米。我们最喜欢的环境温度是 5~28 摄氏度，在上海的夏天和冬天，我们也需要避暑和防寒。夏天，我们会钻入水中降温。另外，我们的眼周有腺体，可以散热，眼睛上方的皮肤会在天气非常热的时候变成粉红色。冬天，我们有兼具保暖属性和防水效果的"鹅绒服"。

企鹅漫步

为了还原我们在野外群体活动的习性、增加我们的运动量，保育员会在周六、周日和节假日的上午带着我们在企鹅展馆前的小花园里散步。这样既可以使我们的身体更健康、强壮，也能让游客朋友们近距离和我们互动，增进了解。如果天气太冷或太热，冰冷或灼热的地面可能会使我们的脚掌受伤，我们就不去小花园散步了。为了你们和我们的安全，看到我们漫步的时候，可不能摸我们哟！我们胆子很小，也请不要惊吓我们！

换羽的小胖子

在野外，我们会在海里捕食小鱼、小虾和一些贝类等。在上海动物园，我们吃得最多的就是小黄鱼啦，另外，多春鱼、沙丁鱼和金线鱼也在我们的日常食谱中。我们一天吃两顿饭，每天可以吃掉自己体重 $\frac{1}{10}$ 的食物（大约 300 克）。在每年一次的换羽前夕，我们会吃得更多，把自己吃成一个小胖子。因为在野外，换羽期间我们无法下水捕食，需要提前储存能量。

11

会冬眠的犬科动物
貉

你好，我是貉，亦称狸。在上海动物园，我们生活的区域有很多灌木，在中间的桂花树下还有栖架供我们攀爬。悄悄告诉你，这些栖架的下面可是我们的秘密基地——又遮阳，又挡雨，在这里美美地睡上一觉是我们最爱的事情，养精蓄锐，为晚上的美好时光做准备。你知道吗？我们是犬科动物中唯一一种可能会冬眠的。

侧面像狐狸，正面像狗。

有固定的排便的地方。

尾巴上的毛很蓬松。

爪尖无法伸缩。

貉和浣熊的区别

	貉	浣熊
耳朵	耳朵外圈是黑色的	耳朵外圈是白色的
面纹	眼部各有一片黑褐色的斑纹，但不是明显的带状	眼眶和脸颊的深色面纹是连续的，像"黑眼罩"
爪子	更像狗爪子	前爪非常灵活，可以五指分开，更像人类的手指
四肢	几近黑色	灰色，略带黑色
尾巴	没有环纹	有 5~7 个黑白相间的环纹

隐身高手

在日本的传说中，貉会变身，顶着树叶就可以隐身，还能把尾巴藏起来，变成人形。这当然是假的啦。不过我们确实有点儿本事。我们喜欢生活在水边，喜欢钻到水里变成游泳健将，畅游一番；我们也喜欢灌丛，可以躲在里面变成隐身高手，好好歇息；就算到了城市之中，我们会迅速熟悉小区和公路的设计，在人类世界的夹缝中繁衍生息。是不是很厉害？

杂食动物

和狗一样，我们也是杂食动物，更偏向肉食。野生的貉主要以小型啮齿动物、鱼、虾、蛇、蟹等为食，也吃浆果、菌类、谷物等。在上海动物园，除了日常的肉、蛋、水果外，保育员还会时不时提供一些面包虫、鹌鹑、小白鼠、小黄鱼等，给我们换换口味，尝尝鲜。

野生貉出没

近年来，我们逐渐适应了城市生活，数量越来越多，分布范围越来越广，现在，上海的很多小区都有野生貉的身影。每年 5 ~ 6 月是貉宝宝诞生的季节，这段时间，人们在小区或公园里可能还会发现貉宝宝。在这里提醒大家：不要摸野生貉宝宝！也不要投喂！更不要抱有侥幸心理把貉宝宝带回家饲养！貉妈妈会在感觉安全的时候回来找宝宝的，不要人为干预。貉是国家二级保护动物，随意捕捉、饲养、买卖，都属于违法行为。

上海"土著"
獐

獐是鹿科动物中唯一没有角的，雌雄都不长角。

耳朵圆圆的，耳朵内侧有毛。

獐宝宝背部有白色斑纹。

肩高略低于臀高。尾巴很短。

成年雄獐有一对"獠牙"。

你好，我是上海的"土著"小精灵——獐，是国家二级保护动物。我们的大家庭共有 20 多个成员，生活在上海动物园的乡土动物区。我们的家面积非常大，我们每天在绿草茵茵的坡地嬉戏玩耍、在错落有致的本杰士堆间捉迷藏，要是刮风下雨就在温暖干燥的小木屋里休息打盹儿，生活别提多滋润啦。

獐擅长游泳。逃跑时像兔子一样一跳一跳的。

14

上海"土著"

早在新石器时代，上海就有野生獐的分布，在 19 世纪末数量还相当多。但伴随着栖息地面积减少与人类过度捕猎，我们的数量不断下降，至 20 世纪初，在上海几乎绝迹。2007 年，上海开始了獐的重引入项目。最早饲养獐的华夏公园现已形成了一个 100 多只的圈养种群。目前在松江叶榭的一片生态涵养林里，工作人员正在进行獐的野放训练，期待终有一日我们能回归上海真正的自然家园。

捉迷藏

我们生性胆小，容易受到惊吓，害怕陌生人。警戒距离一般在 23 米左右，如果外人进入这个范围，我们会表现出注视、压脖等警戒行为；如果外人进入 19 米的范围，我们则会选择逃离。大家来看我们的时候，如果没能找到我们，可以往树枝堆、木头堆、场地角落等地瞅瞅，或许就能发现正在和你们捉迷藏的我们啦。

长"獠牙"的食草动物

我们成年雄獐的那对标志性的"獠牙"，其实是上犬齿，可长达 8 厘米。作为食草动物，"獠牙"对于我们吃饭没有任何帮助，甚至还有些碍事。好在它们可以活动，所以平时我们会让它们向后倒。遇到情敌的时候，我们会立刻让"獠牙"直立起来，刺伤情敌比较脆弱的头部和颈部。

自带武器的铠甲战士
中国豪猪

你好，我是中国豪猪，但可不是猪哟，也不是刺猬，我们是啮齿动物。在上海动物园，我们是个大家族，有10多只呢。我们住在乡土动物区，和獐是邻居。你还记得迪士尼动画电影《疯狂动物城》里的豪猪吗？其实中国也有豪猪分布，《山海经》里的豪彘说的就是我们。现在在上海的郊区，你也有可能见到我们的身影呢。

背部与尾部生有长而硬的棘刺——黑白相间，呈纺锤形，中空，容易脱落，有的尖端还有倒钩。中国豪猪紧张时棘刺会迅速直竖起来。

眼睛和耳朵很小，视觉不敏锐，听觉也不灵敏。

头小，头部的形状有点儿像兔子。

尾极短，尾端的数十个棘刺演化成硬毛，顶端膨大，摇动还会发出声响，俗称"尾铃"。

中国豪猪是一夫一妻制的。

牙齿非常锐利，门齿会一直生长，需要时常磨牙。

不好惹的刺

我们中国豪猪身上的棘刺，是鬃毛特化而成的，平时贴附在身上。当遇到敌人或发怒时，我们会迅速将身上的棘刺竖起来并抖动尾棘，发出沙沙的声响。如果敌人没有被吓退，我们就会转身，用臀部对着敌人，然后倒退着使劲儿撞向敌人。我们的棘刺又长又多，最长的可达半米，上面还有微小的倒钩，刺中目标后会深深扎进它们的肉里，很难拔掉，会引起伤口感染，给伤者带来巨大的痛苦，甚至死亡。我们身上的棘刺是可再生的，脱落了也不用担心。

不伤自己"人"

我们刚出生的时候，棘刺是软软的，所以并不会扎伤妈妈。妈妈的乳头分布于身体两侧靠近腋窝的位置，那里没有棘刺，所以宝宝吃奶的时候也不会被扎到。在繁殖期，雄兽会用鼻子拱雌兽尾部，如果雌兽接受了雄兽，会主动将棘刺向两侧分开。但在交配过程中，雄兽仍然有可能被雌兽的棘刺扎到，好在我们豪猪的自愈能力很强。

我们住在洞里

我们是群居动物，通常住在天然石洞里，有时也自行打洞，主要是扩建、修整穿山甲、白蚁等的旧巢穴。我们野外伙伴的巢穴结构复杂，通常由主巢、副巢、盲洞和几条洞道组成，其中盲洞的洞道较窄，是遇到危险时避难的场所。在上海动物园，我们住在一个由水泥制成的大型"树洞"里，"树洞"两边开口，方便我们出入。我们自己又搞了搞"装修"，将场地内的石子和泥土一点点搬运至洞口，把我们的洞口隐藏起来了。

传说中的仙鹤
丹顶鹤

鹤轩、乡土动物区

丹顶鹤飞行能力强，是迁徙的候鸟。

头顶裸露的皮肤呈鲜红色。

喙灰绿色，尖端黄色。

脸颊和喉颈部是黑色的，眼睛后方至枕部下方是白色的。

鸣管长1米以上，就像扩音喇叭，使声音可以传到3~5千米外。

尾部白色。站立时翅膀上长而弯曲的飞羽盖在尾部，常常使人误认为它有一个黑色的尾羽。

你好，我是丹顶鹤，在上海动物园鹤轩及乡土动物区都能见到我们优雅的身姿。工作人员在乡土动物区的湿地环境里种植了很多水生植物，还在岛上搭建了一个"昆虫旅馆"，"旅馆"里的昆虫和部分水生植物都成了我们的食物。此外，保育员还会不定时在岛上投放一些面包虫和蟋蟀，让我们自行捕捉。我们是国家一级保护动物。

丹顶鹤宝宝是淡黄褐色的。

脚及脚趾灰黑色，趾间无蹼。

秃头仙鹤

说起来有点儿不好意思，其实我们丹顶鹤是秃头。我们的丹顶，也就是头顶红色的部分并不是羽毛，其上也没有任何绒毛，那是裸露的皮肤上的细小肉瘤，富含浅层毛细血管，会因充血而变红，雌雄都这样。我们小的时候并不秃，成年后丹顶才会逐渐显现。我们丹顶的大小和颜色深浅也不是一成不变的：春季丹顶比较大，颜色也鲜艳，冬季会变小；健康时丹顶大，生病时变小；死亡后，头顶的红色会慢慢消失。

鸟中舞蹈家

我们是一夫一妻制的。为了求偶，雄鸟在跳舞的同时还会鸣叫。一般是这样的：雄鸟昂起头颈，嘴尖朝天，双翅耸起，引吭高歌；雌鸟则高声应和；确认彼此心意后，会一起翩翩起舞。我们的招牌动作很多，或伸颈仰头，或屈膝弯腰，或原地踏步，或跳到半空，有时还会随机找个道具，如叼起小石子或小树枝抛向空中，表达一下喜悦之情。

美丽的误会

我们还有一个名字叫仙鹤，寿命长达五六十年，在中国的传统绘画中，人们经常将我们和常青的松树画在一起，寓意长寿吉祥。但实际上，我们几乎从不上树。我们丹顶鹤主要生活在沼泽、浅滩地带，会选择芦苇丛或较高的水草丛筑巢。我们的邻居东方白鹳倒是会在高大乔木上筑巢。

虎尾巴上有黑色环纹。每只虎的花纹都是独一无二的。

虎耳朵的背面有白斑。

虎的脑门儿上有类似"王"字的斑纹。

虎的胡须像一把尺子，能感受出它周围物体的距离和宽窄。一般情况下，胡须能通过的地方，虎就能顺利通过。

擅长游泳。

你好，我叫安安。你知道吗？老虎分很多亚种，而我是目前最珍贵的华南虎家族中的一员，是国家一级保护动物。我和小宾生活在一起，小宾是个腼腆的女生，也是我心目中的女神。我们的运动场依水而建，有水，有山石，有栖架，工作人员为我们提供了丰富的玩乐和休息设施。

在猫科动物急停和下坡时，腕骨垫可以起到一定的刹车和缓冲作用。

虎的舌头表面长有许多角质倒刺，像一把钢刷，能把猎物骨缝中残留的碎肉舔出来。

虎的爪尖可以伸缩。

华南虎的现状

我们华南虎是中国的特有种，又称中国虎，可惜的是，从20世纪50年代开始，华南虎数量急剧下降，目前在野外已经功能性灭绝。我们只能在动物园中生活，总数不足250只，上海动物园目前有20余只，都是20世纪50年代从野外捕获的华南虎的后代。当时，有繁殖记录的为6只，上海动物园和贵阳黔灵山动物园各有两雌一雄，因此在华南虎的"家谱"上，分为"上海系"和"贵阳系"。经过多年观察、研究、分析，"上海系"华南虎明显携带多子基因，"虎丁兴旺"。

老虎也吃草

我们是食肉动物，但在动物园里，有的时候你会看到我们在吃草，难道我们改吃素啦？当然不是，我们的胃并不能消化草，之所以吃草，是为了促进肠道蠕动，把肠道里不好消化的东西，如骨头、毛带出来，就像猫咪吐毛球。

华南虎会爬树

我们是会爬树的，但是因为我们块头比较大，在树上没有在陆地上那么敏捷，所以一般来说不会主动爬到树上去。我们还经常抓树皮，这种行为被称为挂爪，挂爪可以控制指（趾）甲生长，以免刺破掌垫，就像你家的猫咪也要磨爪子一样。在我们挂爪的树干上，会留下数条抓痕，通常我们还会同时喷洒尿液，这样就可以标记我们的领地，也是我们相互传递信息的方法。

"迷你猎豹"
薮猫

你好，我叫咪咪，是一只薮猫，和我爸爸天天、胆小的暖暖，还有远道而来最后加入我们大家庭的悟净生活在一起。虽然我们的名字里有"猫"，但我们可不是小猫咪，我们也是被列入《濒危野生动植物种国际贸易公约》的物种，把我们当作宠物买卖、私人饲养都是违法的。

耳朵很大，两只耳朵离得很近，背面有白斑。

薮猫的鼻头是黑色的，嘴巴是白色的。

身材修长，腿也很长，但头相对较小，尾巴也不算长。

尾巴上有黑色环纹。

每只薮猫身上的花纹都是独一无二的。

肚子是白色的。

22

天生猎手

我们薮猫头小，有着修长的四肢和纤细的躯干，黄色的皮毛上面有黑色的斑点，外形看起来就像小型的猎豹。我们的学名是 *Leptailurus serval*，serval 来源于西班牙语，意思是猎犬。这名字起得不错，我们薮猫就是天生的猎手。

跳高健将

我们在野外的同类生活在非洲草原上，那里的草又高又密，要是个儿太矮了，漫步其间就什么都看不见了。因此，我们演化出了最适应环境的体格，尤其是大长腿，不仅好看，还具有惊人的弹跳力，我们奋力一跃，能跳 2 米高。因为有大长腿，我们上能爬树捕鸟，下能涉水抓鱼，还能挖洞捕鼠。

加强版收音器

在猫科动物中，相对身体的比例，我们薮猫的耳朵是最大的，而且能旋转 180°，可以帮助我们捕捉到多个方向极细微的声响。在野外捕猎时，如果感知到有猎物存在，我们便会面朝猎物的方向，把双耳转向前方，凭借声音判断猎物的具体位置和种类。锁定猎物后，我们会慢慢靠近，找个合适的位置蹲下，然后凭借后腿的爆发力一跃而起，猛扑上去，将猎物一举擒获。

像猪的鹿
豚鹿

豚鹿会反刍。笼舍里有方方正正的盐砖，可以为豚鹿提供各种矿物质元素。

你好，我叫小黑，是我们这个家族的老大。我和妻子、儿女生活在食草类动物区一个安静的角落，我们的家被一条参观通道分成两部分，游客可以站在通道上看我们。有学者认为，中国野外的豚鹿已经灭绝，不过我们在上海动物园生活得很好，这里有着国内第二大豚鹿圈养种群。我们是国家一级保护动物。

体形粗壮，臀部圆钝。

有眶下腺（眼睛下面分泌腊质的腺体）。

每只脚有4指（趾），走路的时候只有第3、第4指（趾）着地。

豚鹿宝宝身上有白色斑点。

名字的由来

豚就是猪的意思。乍一看，我们和猪长得一点儿也不像。但是在鹿科家族里，我们的四肢相对较短，体形粗壮，臀部圆钝，无论是奔跑还是行走时，我们总是低垂着头，姿态就有点儿像猪了，因而得名。

猜猜我几岁

雌鹿是没有角的，而雄鹿的角每年都会脱落，第二年长出来的鹿角会更大，叉变多，结构越来越复杂。我们一般会在 1 岁左右长角；1~2 岁时，是直直的笔杆角；3~4 岁时，角开始分叉；5 岁以后会变成三叉角，之后就定形了，年龄越大角越长。

检查、打针我不怕

我们豚鹿胆子比较小，觉得有危险时，低头就跑。在动物园里，保育员会对我们进行正强化行为训练，这是现代动物园动物行为管理的一部分，可不是马戏团的驯兽表演哟！行为训练是为我们好，不是为了让我们取悦人类。通过行为训练，我们会自愿配合工作人员进行常规体检、疾病治疗等工作，这样就不必每次都将我们麻醉了，因为麻醉是有风险的，对身体也有一定的危害。

温和的"巨人"
大猩猩

你好,我叫海弟,出生于2012年。我和威武的爸爸丹戈、温柔的妈妈阿斯特拉、富态的阿姨昆塔,还有以前经常欺负我的大哥海贝一起生活。我们的家是具有非洲风情的"豪宅",占地6000多平方米,不仅有温馨的卧室、带大落地玻璃窗的客厅、设施齐全的厨房,还有一座有山有水的大花园。在中国,只有几家动物园有大猩猩。

展区的地面上和吊床里的木丝是大猩猩筑巢用的材料。

眉骨较高,双眼深陷,眼睛是褐色的。

耳朵小,紧贴在头部两侧。鼻孔很大。

成年雄性大猩猩头顶有厚厚的冠垫,背毛会变成银灰色。

四肢粗壮,且前肢比后肢长。手掌宽阔,手心无毛。有指甲和独一无二的指纹。拇指较其他手指短粗。

大猩猩外表强悍,实际上性情相对温和,心思细腻。

素食主义者

我们大猩猩是现存灵长类中体形最大的，看起来有点儿凶猛。我们是名副其实的素食主义者。在野外，我们以200多种植物的嫩叶、树皮、果实等为食；在动物园里，有保育员为我们准备的各种新鲜的蔬菜和水果，还有大量的树叶。保育员还会在春天将柳树枝条采摘下来，放入 -18℃的冷冻室里，这样在冬天，我们也能吃到鲜嫩的柳芽。冬天我们还有新鲜的麦苗吃呢。

大猩猩和黑猩猩、猩猩的区别			
	大猩猩	**黑猩猩**	**猩猩**
体形	最大	最小	居中
毛色	黑褐色，成年雄性的背毛会变成银灰色	黑色	赤褐色
分布范围	非洲	非洲	亚洲

拍胸威吓

拍打胸脯是我们大猩猩的招牌动作，也是一种交流方式。我们会用手掌，而不是拳头，左右交替拍打胸脯，发出响亮的声音，这声音能传很远。在茂密的热带雨林中，成年雄性大猩猩可以通过这种方式展示其体形、地位和战斗力。我也会拍打胸脯，就是现在拍的声音还有点儿小，需要不断练习。

爱吃叶子的黑色猴子
黑叶猴

灵长类动物区

你好，我叫晶晶，是一家之主，我和老婆、孩子们住在灵长类动物区亚洲猿猴区。在野外，我的同伴们住在悬崖峭壁间的天然岩洞里。在上海动物园，我们的"豪宅"有200多平方米，平时保育员会为我们准备各种各样的美食和小惊喜！我们是濒危珍稀动物，全球仅存2000只左右，是国家一级保护动物。

头顶有竖直立起的毛冠。

耳朵尖到嘴角处有白毛。

黑叶猴宝宝是金黄色的。

黑叶猴能在悬崖峭壁间攀爬如履平地。

手脚都是5指（趾），大拇指（大脚趾）短。

尾巴约为体长的1.5倍，其主要作用是保持平衡，有的黑叶猴尾巴尖是白色的。

名副其实的树叶控

灵长类动物食性多样，有的喜欢吃叶子，有的喜欢吃果实，有的喜欢吃昆虫，有的是杂食性的，叶子、果实、昆虫都吃，甚至会吃肉……而我们黑叶猴的喜好就隐藏在我们的名字里，对啦，我们喜欢吃树叶！保育员每天会在园区里为我们寻找各种不同的树叶，比如大叶女贞叶、小叶女贞叶、榆树叶、柳树叶、海棠叶、荷叶、桑叶、构树叶等。除了树叶，我们也吃新鲜的蔬菜、水果等。

宝宝的毛色不一样

为什么黑叶猴妈妈是黑色的，怀里的宝宝却是金黄色的？这是因为，我们刚出生的时候很弱小，在自然界，容易遭到捕食者攻击，所以需要族群里家长们的关注。醒目的毛色会让雌猴较为容易地注意到自己的下一代，起到提醒和警示的作用。半岁后，我们会逐渐变成黑色的。这是物竞天择的结果，以便种族更好地延续。

我们也有玩具

保育员会不定期地为我们准备不同的玩具，这些玩具是为了给我们丰容。有时提供一面镜子给我们照，这叫认知丰容；有时悬挂一个牛奶瓶或菜篮子之类的，里面藏着美食，需要我们通过探索获得食物，这叫食物丰容；有时添加或更换新的栖架、绳索、小木屋等，这叫环境丰容。这些可以让我们在有限的空间里获得无限的快乐。

动物界的体操冠军
戴帽长臂猿

你好，我叫顺利。我和妻子小可现在已经有三个宝宝了：大宝是哥哥，名叫蛋蛋；二宝是女孩，名叫蛋挞；三宝是弟弟，名叫蛋黄。我们的家有树林，有草地，还有小溪流，不过我们最喜欢的还是绳索和高空平台。大家来看我们的时候记得往上看，因为我们长臂猿喜欢待在高处。

有些成年雄性有花白的"头发"。

手上的毛也是白色的。

头顶有一簇黑色的貌似顶冠的毛，因而得名戴帽长臂猿。

胳膊比腿长。

雌性的毛为浅灰色或浅黄色，雄性的为黑色。

成年雌性从头顶到肚子，有一块倒三角形的大黑斑。

丛林穿梭

我们长臂猿生活在森林的树冠层，很少到地面活动，但我们在地上可以短距离直立行走。我们的手臂比腿长，这让我们更喜欢臂行——通过双臂交替抓住树枝摆动，以在林间快速移动。我们的手指骨明显拉长，大拇指与其他四指完全对握，这使得我们在全力摆动时能够牢牢抓住树枝；我们还拥有非常特别的球状腕关节，可以使手掌和手臂形成任意角度；另外，我们的肩关节也很灵活。这些先天优势让我们更灵活，当我们在森林里穿梭时，就像在天上飞来飞去。

戴帽长臂猿的家庭组成

同绝大多数长臂猿一样，我们戴帽长臂猿也是一夫一妻制的。在野外，我们的家庭成员通常包括 1 个成年雄性、1 个成年雌性，其余则是亚成体和幼小的长臂猿。在动物园里，保育员也按照我们的生活习性给我们分配住房。我们的幼儿时期有点儿长，宝宝要到 4~5 岁才会自己照顾自己；在青少年时期，还是会和家族成员生活在一起；直到 8~10 岁成年了，才会离开家庭。

百变"外衣"

我们刚出生时，皮肤是粉红色的。随着年龄增长以及风吹日晒，我们的肤色逐渐变深，由粉红色变成浅灰色，成年后则变成木炭灰色。与此同时，我们毛的颜色也不一样：成年雄性是一身黑色，看上去酷酷的；而成年雌性则是浅灰色或浅黄色的，增添了几分温柔的感觉。通常情况下，雌性戴帽长臂猿 4 岁就能长成妈妈的模样，而雄性则要到 6岁半才能长成爸爸的样子。

体形最小的狒狒
阿拉伯狒狒

你好，我叫二宝，身姿矫健，银发飘飘，正值壮年，是家族中的雄性家长。家族中的雌性及小弟们都唯我"狒首是瞻"，争相为我理毛！当然我也有烦恼，20多名成员间难免会有冲突，需要我出面调解纠纷、保护各成员尤其是孩子的安全。我们在上海动物园的家三面环水，背靠假山，环境宜人。我们可以在300多平方米的活动场内肆意奔跑、嬉戏，别提多惬意了。

面部为肉色，光滑无毛。

吻部很长，因此也被称为"狗头猴"。

雄性毛为灰色，雌性呈棕色。

雄性阿拉伯狒狒犬齿大而醒目，体形是雌性的两倍，一身飘逸的鬃毛。

每天要花几小时相互理毛。

雌性阿拉伯狒狒的"屁股"会变得又红又肿，以吸引异性的关注。

四肢粗壮。

狒狒家族

我们阿拉伯狒狒（也称埃及狒狒）属于灵长目、猴科、狒狒属，也是一种猴。猴是一个总称，是灵长目最大的一科，分为猕猴亚科和疣猴亚科。狒狒属于猕猴亚科，现今世界上共有6种，除了我们阿拉伯狒狒，还有几内亚狒狒、东非狒狒、草原狒狒、刚果狒狒和豚尾狒狒。我们是体形最小的狒狒。

秘密仓储袋 —— 颊囊

我们的口腔内两侧有囊状结构，叫作颊囊，是用来暂时存储食物的。在野外，灵长类动物每天要花费大量时间寻找食物，在这个过程中，还需警惕捕食者威胁、群体内高等级个体剥削等，取食压力不小。我们栖息于半沙漠地带，那里食物匮乏。因此，在漫长的演化过程中，我们进化出了颊囊，松鼠、仓鼠、鸭嘴兽、考拉等也都有这种"秘密仓储袋"。

请不要投喂我们

在上海动物园，我们的食谱为苹果、香蕉、梨、橙子等水果，生菜、黄瓜、洋葱、芹菜、胡萝卜等蔬菜，还有窝头、土豆、鸡蛋、黄豆、专用颗粒料等作为补充，并根据季节调整配比，如冬天增加瓜子、花生等热量高的食物，夏天增加西瓜、白瓜等含水量高的食物。所以请不要把你们的零食投喂给我们哟，这不仅会使我们的消化道功能紊乱，还可能会造成人与动物之间疾病的传播，也会导致野生动物出现一些不自然行为，如乞食行为。

不让任何一个生命掉队——灵长育幼

在灵长类动物区的一隅，有个地方经常被游客围得水泄不通，那是一座低矮的平房，远看平淡无奇，走近才会发现别有洞天，有几分大隐隐于市的味道。那个地方就是灵长育婴房，是人工喂养各种灵长动物幼崽的地方，吸引游客目光的也正是这些可爱的灵长宝宝们。

人工育幼的原因

一般情况下，动物园不主张人工育幼。因为母乳对幼崽的生长发育是最好的，而且幼崽跟着母兽也可以学到社群生活的经验。但是在动物饲养中，可能会遇到以下几种情况：1. 幼崽是早产儿或先天体质虚弱。2. 母兽第一次产崽，缺乏带崽经验，不会哺育幼崽。3. 母兽产后虚弱、产后泌乳不足或没有乳汁，没有办法哺育幼崽。4. 母兽没有母性而弃崽，或由于社群地位较低受到干扰而弃崽。出于救治个体、确保种群个体数量的目的，不得不进行人工育幼。

给灵长宝宝喂奶

跟人类婴儿一样，其他灵长宝宝也是需要喝奶的。不过，刚刚被救助的小宝宝往往身体非常虚弱，连吮吸奶嘴的力气都没有，需要保育员用针筒缓慢地滴注给它们。随着它们体力增长，才会逐渐过渡到用奶瓶喂奶。同时，灵长宝宝们的个体大小差异极大，有还没鸡蛋重的狨猴幼崽，也有与人类婴儿差不多重的猩猩宝宝。所以，在育婴房能看到不同类型、大小不一的奶瓶，种类多到可以办一个小型的奶瓶展览会。

给灵长宝宝称重

体重变化是判断灵长宝宝们健康状况的一项重要参考指标。在它们小的时候，让它们躺在盆里、坐在筐里或者抱着毛绒玩具，就可以轻松地给它们称重了。但随着年龄增长，小家伙们体形越来越大，越来越调皮。保育员只好自己站到秤上先去皮，然后把它们一个一个喊过来，再抱着站上去，来给每个小家伙称重。

"宿舍"升级

随着灵长宝宝们逐渐长大，育婴房内小小的空间已经无法满足它们上蹿下跳的天性了。它们需要更大的空间去探索，学习更多的技能，也需要和它们的伙伴进行交流。这时候，保育员会准备一个大房间，仔细装修一番，添置各类丰容物，让小家伙们开始它们的"升学之旅"。

游园指南

上海动物园是全国十佳动物园，展区大致是按鱼类—两栖和爬行类—鸟类—食肉哺乳动物—食草哺乳动物—灵长类动物的顺序来安排的。动物展区布置在环园主干道的两侧，沿主干道按逆时针方向前进，就可到达各个展区，观看到大部分动物。这是一条为大多数游人设计的参观路线。

上海动物园的开园时间是 8：00 — 17：00（冬季是 8：00 — 16：30）。早上长臂猿的"晨歌"和天鹅湖的"鸟会"不容错过。9：30 — 10：00 是大部分动物吃早餐的时间，15：30 之后，保育员们开始给动物安排晚餐。对于游人来说，开饭时间是观察动物的黄金时间，动物比较活跃，行为丰富。中午，有些动物会休息，此时你也可以在大草坪休憩一会儿，或在天鹅湖边漫步，或玩玩草坪游戏。如果你 10 点多才到动物园，14 点多就离开，自然会留有遗憾。

在一年里，春秋两季是动物园中最热闹的时节。春天是鸟类繁殖的季节，天鹅湖这边的"歌手"鸣声不断，那边的"舞者"在翩翩起舞，雄孔雀纷纷开屏……秋天则是鹿类活跃的季节。

你对动物的习性了解得越多，参观时就越能够有的放矢。为了能更清楚细致地观察动物，最好带上一架望远镜，尤其是在参观天鹅湖时。想要深度了解动物园，你可以去上海动物园官网及微信公众号查阅保育员讲解项目的相关信息，算好时间看一场企鹅漫步、鹈鹕吃鱼……听保育员讲讲动物们的习性，聊聊它们的趣事，学习如何保护野生动物及它们赖以生存的生态环境，让你的动物园之旅更加充实而有意义。